Bibliografische Information der Deutschen Nationalbibliothek:

Die Deutsche Bibliothek verzeichnet diese Publikation in der Deutschen Nationalbibliografie; detaillierte bibliografische Daten sind im Internet über http://dnb.d-nb.de/ abrufbar.

Impressum:

Druck und Bindung: Books on Demand GmbH, Norderstedt Germany
ISBN: 9783638905541

Dieses Buch bei GRIN:

http://www.grin.com/de/e-book/83666/unterrichtsstunde-membranaufbau-biologie-11-klasse-gymnasium

Sabrina Engels

Unterrichtsstunde Membranaufbau (Biologie 11. Klasse Gymnasium)

Entwicklung einer Modellvorstellung zum Aufbau der Biomembran in Gruppenarbeit

GRIN Verlag

Studienseminar für Lehrämter an Schulen

- Seminar für das Lehramt an Gymnasien und Gesamtschulen -

Schriftliche Planung zur unterrichtspraktischen Prüfung

im Fach Biologie (gemäß § 34 OVP)

Referendarin:

Schule:

Lerngruppe: Grundkurs Biologie Jahrgang 11

Datum: Donnerstag, 25.Oktober 2007

Zeit: 2. Stunde (09:00 – 09:45 Uhr)

Thema der Unterrichtsreihe:

Kompartimentierung - Aufbau von Biomembranen

Thema der Unterrichtsstunde:

Entwicklung einer Modellvorstellung zum Aufbau der Biomembran in arbeitsgleicher Gruppenarbeit

Einordnung der Stunde in die Unterrichtsreihe:

Einzelstunde	Einführung in das Thema Biomembranen - Sind Lipide Bestandteil der Zellmembran?
Doppelstunde	Eigenschaften von Lipiden (Löslichkeitsversuche von Öl in Wasser, Benzin und Ethanol)
Einzelstunde	Vorbereitung auf den Rotkohlversuch
Doppelstunde	Nachweis von Lipiden in der Biomembran (Rotkohlversuch)
Herbstferien	
Einzelstunde	Funktion und Aufbau von Lipiden
Doppelstunde	Aufbau von Triglyceriden und Phospholipiden
Einzelstunde	Anordnung der Phospholipide an der Wasseroberfläche (hydrophob und hydrophil)
Doppelstunde	Nachweis von Proteinen in der Biomembran (Rotkohlversuch)
Einzelstunde	**Entwicklung einer Modellvorstellung zum Aufbau der Biomembran in arbeitsgleicher Gruppenarbeit**
Doppelstunde	Erstellen eines Fließdiagramms zur Modellbildung auf Basis der Textinformationen aus „Wie Forschung funktioniert: Modellvorstellungen von der Biomembran" Das Flüssig-Mosaik-Modell

Schwerpunkt

Der Schwerpunkt der Unterrichtsreihe liegt in der Auseinandersetzung mit dem Aufbau von Biomembranen. Die Schülerinnen und Schüler werden in der heutigen Stunde selbstständig und handlungsorientiert eine erste Modellvorstellung zur Biomembran entwickeln. Dazu müssen sie Textinformationen genau lesen und beachten, damit ihre Modellvorstellung bestimmten Grundannahmen entspricht.

Lernziele

Die Schülerinnen und Schüler erwerben in dieser Unterrichtsreihe Wissen über den Aufbau von Lipiden, insbesondere Phospholipiden und gewinnen Erkenntnisse über den Aufbau von Biomembranen. In dieser Unterrichtsstunde sollen die Schülerinnen und Schüler in arbeitsgleicher Gruppenarbeit anhand von Textinformationen über die Grundannahmen von DAVSON und DANIELLI diese Modellvorstellung zum Aufbau der Biomembran entwickeln und nachvollziehen.

Teillernziele:

Die Schülerinnen und Schüler sollen...

- Texte bewusst lesen und dazu passende Abbildungen genau beachten.
- Textinformationen bzw. Beobachtungen und Sachverhalte in ein Modell umsetzen.
- ihre Teamfähigkeit und Kooperationsbereitschaft ausbauen, indem sie innerhalb der Gruppe gemeinsam über verschiedene Lösungsstrategien diskutieren und ein gemeinsames Produkt (die Modellvorstellung einer Biomembran) schaffen.
- (mögliche verschiedene) Modellvorstellungen aufgrund von Annahmen hinterfragen und überprüfen.
- die Fachtermini „peripheres Protein“, „Phospholipid-Doppelschicht“ und „Sandwichmodell“ kennen lernen.
- ihr Modell skizzieren und unter Berücksichtigung der Fachtermini beschriften.

Die Entwicklung dieses Modells ist ein gutes Beispiel dafür, wie Wissenschaftler auf früheren

Beobachtungen und Ideen aufbauen und Modelle als Arbeitshypothesen entwickeln. So gewinnen die Schülerinnen und Schüler Einblicke darüber wie naturwissenschaftliche Forschung funktioniert. Sie lernen, dass Modelle/ Modellvorstellungen aufgrund neuer Befunde verfeinert oder ersetzt werden müssen.

Lernausgangslage

Ich besuche den Grundkurs Biologie der 11. Jahrgangsstufe seit Beginn des Schuljahres und unterrichte in diesem im Rahmen meines Ausbildungsunterrichts drei Stunden wöchentlich seit Anfang September. Der Kurs wird von 10 Mädchen und 10 Jungen besucht.

Vorwissen: Die Schülerinnen und Schüler haben Membranen bereits als abgrenzende „Häutchen" bei den Themen Zellbestandteile und Zellorganelle kennen gelernt. Sie wissen, dass Lipide und Proteine Hauptbestandteile von Biomembranen sind, kennen jedoch die Anordnung dieser Moleküle im Membranverband nicht. Sie verfügen über Kenntnisse des Aufbaus von Membranlipiden (Phospholipiden), nicht jedoch über den strukturellen Aufbau von Proteinen. In den vorhergehenden Stunden wurde die Anordnung der Phospholipide an der Wasseroberfläche besprochen sowie die Begriffe hydrophil und hydrophob wiederholt. In der letzen Stunde wurde anhand des Rotkohlversuchs erarbeitet, dass auch Proteine Bestandteile der Biomembran sind. Dieses Vorwissen bildet die Grundlage zum Verständnis der heutigen Erkenntnisse.

Modelle: Die Arbeit mit Modellen sollte den Schülerinnen und Schüler aus der Sekundarstufe I bekannt sein und wurde in dieser Unterrichtsreihe noch nicht vertiefend thematisiert. In einer Stunde zum Aufbau von Lipiden (Triglyceriden) wurde ein räumliches Stäbchenmodell zur Veranschaulichung der Struktur angefertigt und die Vor- und Nachteile von Modellen in den Naturwissenschaften lediglich kurz erörtert sowie auf die korrekte Verwendung der Begrifflichkeit (Modell und Original) geachtet.

Arbeitsweise: In der heutigen Stunde arbeiten die Schülerinnen und Schüler in Kleingruppen. Ich erwarte eine konstruktive Zusammenarbeit in diesen Gruppen, da die Kursmitglieder Gruppenarbeiten aus dem Unterricht gewohnt sind und das Lernklima insgesamt als positiv beschrieben werden kann. Ich werde diese Gruppen festlegen, um leistungsheterogene Gruppen zu schaffen. Zusätzlich spricht für die Einteilung durch den Lehrer, dass Schülerinnen oder Schüler mit anderen in Kontakt kommen, mit denen sie vorher noch nicht zusammen gearbeitet haben.

Der Kurs muss für die heutige unterrichtspraktische Prüfung vom Standort Lindenstraße zum Standort Rahser wechseln.

Didaktisch-methodischer Kommentar

Die Unterrichtsreihe „Kompartimentierung – Aufbau von Biomembranen" ist durch die **Richtlinien** und Lehrpläne des Faches Biologie in der Sekundarstufe II – Gymnasium/Gesamtschule in NRW unter dem Fachinhalt „Bau und Funktion von Biomembranen" (Richtlinien S.20) und durch das schulinterne Curriculum legitimiert. Modelle im Biologieunterricht der gymnasialen Oberstufe sind laut Lehrplan **definiert als** „eine Einengung und Simulation der Realität zum Zwecke der Veranschaulichung und Erkenntnisgewinnung" (Richtlinien S. 63).

Eines der **Erziehungs- und Bildungsziele** des Biologieunterrichts nach SPÖRHASE-EICHMANN und RUPPERT lautet, das „Denken in Modellen" zu fördern. Die Schülerinnen und Schüler sollen Modelle als Repräsentanten der Wirklichkeit verstehen, die in der Naturwissenschaft dazu dienen, Beobachtungen und Sachverhalte zu erklären. Die Autoren **definieren Modelle** als die vereinfachte Darstellung eines Originals, die nicht alle Eigenschaften des Originals aufweist, sondern auf eine Auswahl von Eigenschaften fokussiert ist (S. 155). Diese Auswahl erfolgt nach LEIBOLD und KLAUTKE ziel- bzw. adressatenorientiert, d.h. im Modell sind diejenigen Eigenschaften des Originals vorrangig repräsentiert, die zu dessen Verständnis notwendig sind. Modelle helfen somit im Erkenntnisprozess, weil die strukturelle Reduktion das Verständnis wesentlich erleichtern. Modellbildung und Modellvorstellungen in der gymnasialen Oberstufe haben die Funktion, kausalanalytisch gewonnene Daten zu verknüpfen und übergeordnete Zusammenhänge herzustellen. Die Entwicklung und Anwendung einer Modellvorstellung schult außerdem das abstrakte Denkvermögen und erfordert kreative Vorgehensweisen (Richtlinien S. 6). Über die Vorgaben des Rahmenplans hinaus spricht für den Modelleinsatz, dass Modelle im Unterricht insofern eine besondere Bedeutung zukommt, als dass sie Zugangsweisen für **unterschiedliche Lerntypen** (haptisch, visuell) bieten.

Die Schülerinnen und Schüler sollen schließlich den prinzipiell vorläufigen Charakter von Modellvorstellungen erfahren: neue Befunde, die vielfach aufgrund des Einsatzes neuer Methoden und Techniken gewonnen werden, können dazu führen, dass ein bestehendes Modell verfeinert oder sogar ganz durch ein neues Modell ersetzt werden muss. Die oben genannten Richtlinien und Lehrpläne verlangen, in der Jahrgangsstufe 11 entweder am Beispiel der Modelle der Enzymwirkung und Enzymregulation oder am Beispiel der Modelle von Membranen und Transportvorgängen „das Prinzip der Modellbildung [...] intensiv nachzuvollziehen" (Richtlinien S.18). Die hier konzipierte Schulstunde soll wesentlich dazu beitragen, diesen Vorgaben gerecht zu werden.

Der Schwerpunkt dieser Stunde soll dabei allerdings weniger bei einem vollständigen Nachstellen des historischen Ablaufs der Entwicklung der Modellvorstellung zum Aufbau der Biomembran liegen, sondern vielmehr darauf, den Schülerinnen und Schülern – indem sie selbständig und handlungsorientiert ein Modell nachbauen sollen – am Beispiel der Modellvorstellung der Biomembran von DAVSON und DANIELLI allgemein das Prinzip der Modellbildung be-„greiflich" zu machen. Sie sollen also selber erfahren, dass man in der Naturwissenschaft Modelle aufgrund von bestimmter Annahmen, Beobachtungen und/oder Sachverhalten konstruiert.

Die Beurteilung der Aussagekraft von biologischen Modellvorstellungen trägt schließlich zur Schulung der Reflexions- und Urteilsfähigkeit der Schülerinnen und Schüler bei. Diese Fertigkeit hat eine hohe **außerschulische Relevanz**, denn eine ausgeprägte Kritikfähigkeit kann vor einer unangemessenen Übertragung von Vorstellungen und Begriffen auf die Wirklichkeit schützen, wie beispielsweise im Bereich der Werbung oder der Politik.

Damit die Schülerinnen und Schüler in der Lage sind, auf Basis der ihnen ausgeteilten Textinformation die Modellvorstellung von DAVSON und DANIELLI nachzuvollziehen, wurden in der letzten Stunde der Bau und die chemischen Eigenschaften der Phospholipide erarbeitet. Die Schüler kennen aus der letzten Stunde demnach die Fachbegriffe „hydrophil" und „hydrophob". Ferner kennen sie die Anordnung der Phospholipide auf der Wasseroberfläche. **Als Einstieg** wird durch den Impuls „Köpfchen ins Wasser, Schwänzchen in die Höh!" an die vorhergehenden Stunden angeknüpft und das Vorwissen der Schülerinnen und Schüler aktiviert.

Auf die Erarbeitung der Anordnung der Phospholipide als Doppelschicht unter Wasser wurde in den letzen Stunden bewusst verzichtet. Der Nachbau des DAVSON-DANIELLI-Modells stellt somit für die Schüler (noch) keine Weiterentwicklung des Bilayers – dem Vorläufermodell von GORTER und GRENDEL – dar. Die Schülerinnen und Schüler müssen sich demnach an Hand der Textinformationen selbstständig die Modellvorstellung der Phospholipiddoppelschicht erarbeiten. Damit sind die Anforderungen an den Kurs zwar höher, das hat aber zur Folge, dass sich die Schülerinnen und Schüler innerhalb der Erarbeitungsphase intensiver mit den **Textinformationen auseinandersetzen** müssen. Dies erfordert insbesondere **genaues Lesen** – eine Fertigkeit, die in Hinblick auf das Abitur mit den Schülern nicht oft genug geübt werden kann. Zudem treten dadurch innerhalb der einzelnen Gruppen mit einer größeren Wahrscheinlichkeit verschiedene mögliche Lösungsstrategien zur Konstruktion des Modells auf, die gemeinsam diskutiert werden müssen. Auf diese Weise können die Schülerinnen und Schüler ihren **Lernprozess selber steuern** und kontrollieren, indem sie selbständig Arbeitstechniken und Vorgehensweisen entwickeln. Diese Tatsache fördert wiederum die Teamfähigkeit und **Kooperationsbereitschaft**, eine Fähigkeit, die nicht nur von den oben genannten Richtlinien (S.65), sondern auch immer mehr von der Wirtschaft und Gesellschaft verlangt wird und damit wichtig für das spätere Arbeitsleben der Schülerinnen und Schüler ist.

Um einen einheitlichen und sachlich korrekten Wissenstand zur Weiterarbeit sicherzustellen, wurde die Gruppenarbeit als arbeitsgleich angesetzt. **Die Ergebnisse** einzelner Gruppen sollen mit Hilfe von großen **Magnetmodellen an der Tafel** veranschaulicht und im Plenum auf sachliche Richtigkeit diskutiert werden, wobei die Schülerinnen und Schüler die Gelegenheit haben, ihre „eigenen Lernergebnisse mit den Problemlösungen der anderen zu vergleichen, zu erörtern, sie dabei zu überprüfen und zu verbessern" (Richtlinien S.XIX). Das Modell, welches sich in der Diskussion als schlüssig und sachlich korrekt herausstellt, wird von allen zeichnerisch im Heft festgehalten.

Der Aufbau der **Membranproteine** wurde in dem Kurs noch nicht thematisiert. Die Proteine wurden dagegen durch ein Experiment (Rotkohlversuch) als Bestandteil von Biomembranen identifiziert. Dieses Experiment konnte jedoch keine Auskunft über die Eigenschaften (z.B. hydrophob und hydrophile Bereiche) von Proteinen machen. Damit erfüllen die Schülerinnen und Schüler aber dennoch alle Lernvoraussetzung zur Bearbeitung des Arbeitsblattes, denn sie befinden sich bezügliche des Aufbaus der Membranproteine in einer ähnlichen Situation wie die Biochemiker zur Zeit DAVSON und DANIELLI, die über die heterogene Stoffklasse der Proteine ebenfalls nur sehr wenig wussten.

Die Bedeutung des Inhaltes für Kursmitglieder (**Gegenwartsbedeutung**) herauszustellen ist etwas schwierig. Aus der Alltagswelt ist ihnen bekannt, dass sich Öl und Wasser nicht vermischen. Das Interesse sich den Aufbau der Biomembran zu erarbeiten kann damit jedoch nicht ausgelöst werden. Vielmehr muss ich versuchen ihnen bewusst zu machen, dass diese Grundkenntnisse Basis für die folgenden Stunden (Selektivität, Osmose, Transportmechanismen) bilden und gleichzeitig abiturrelevant sind. Um die Motivation zu fördern, versuche ich den Gegenstand möglichst abwechslungsreich zu gestalten und denke, dass die Erarbeitung einer eigenen Modellvorstellung mein Vorhaben unterstützt. Weiterhin bin ich der Meinung, dass Informationen zum geschichtlichen Hintergrund der Entwicklung einer Modellvorstellung (Folgestunde) zum Aufbau der Biomembran für die Schülerinnen und Schüler interessanter sind, als ihnen das aktuelle bestehende Modell direkt vorzusetzen. Das hätte sicherlich Zeit gespart, wäre jedoch weniger effektiv. Denn KILLERMANN und STÖHR konnten nachweisen, dass sich der Lernzuwachs und die Behaltensleistung durch den Einsatz von **selbst erstellten Modellen** erhöhen (S. 224-230). MEIER hat das Selbstherstellen von Medien (hier Membranmodell) als den Königswegs des Medieneinsatzes bezeichnet, da sich die Schülerinnen und Schüler in die Struktur der Sache selbst einarbeiten und die Ergebnisse überprüfen müssen (MEIER 1993). Dadurch erweben sie Kompetenzen im Sinne von Handlungsorientierung für die Bewältigung zukünftiger Aufgaben.

Um während der Gruppenarbeitsphase eine so genannte „**Patt-Situation**" zu vermeiden, bestehen die Gruppen aus einer ungeraden Zahl von Mitgliedern, so dass innerhalb der Gruppe die Möglichkeit besteht, sich gegebenenfalls nach dem demokratischen Mehrheitsprinzip für einen Lösungsweg zu entscheiden.

Die **Farbauswahl** der Membranbestandteile wurde von mir bewusst vorgenommen. Gelb soll den hydrophoben Anteil (helles gelb für fettliebend) und dunkles blau (wasserliebend) den hydrophilen Bereich implizieren (siehe Arbeitsblatt helle und dunkle Schicht). Die Größenverhältnisse für die einzelnen Moleküle habe ich aus dem Schülerbuch „Natura 3a" auf Seite 50 entnommen. Da ich die Erfahrung gemacht habe, dass es Schwierigkeiten bereiten kann, eigenständig ein plastisches Modell auf Papier zu entwerfen, stelle ich den Gruppen „Puzzleteile" (Lipide und Proteine einlaminiert) zur Verfügung. Diese Modellteile entsprechen den oben genannten Größen in Relation.

Schwierigkeiten antizipiere ich vor allem bei der Entwicklung der Phospholipid-Doppelschicht, so dass hier eventuell Hilfestellung geleistet werden muss. Insbesondere weil es für die Schülerinnen und

Schüler schwer zu erkennen sein wird, dass in dem zweidimensionalen Modell „oben" ebenfalls eine Wasseroberfläche ist, und die Phospholipid-Einzelschicht „auf dem Kopf" stehen muss. Eine mögliche Hilfestellung finden die Schülerinnen und Schüler in einem Hilfekärtchen, dass nach einiger Zeit von mir ausgegeben werden kann. So müsste es ihnen möglich sein, jeweils einen Monolayer für die innere und für die äußere „Grenze" der Zelle zu zeichnen und daran zu erkennen, dass die Membran doppelschichtig sein muss. Eine weitere Schwierigkeit kann dann auftauchen, wenn die Schülerinnen und Schüler bestimmen sollen, wohin die Proteine gehören und wie sie ausgelegt sind. Ich werde dann an entsprechender Stelle darauf hinweisen, dass sie dic Größenangaben der Membran und der Membranbestandteile genau beachten sollen.

Nachdem die Schülerinnen und Schüler in einer handlungsorientierten Auseinandersetzung erfahren haben, dass Modelle auf der Basis von Beobachtungen und Sachverhalten konstruiert werden, soll in der darauf folgenden Stunde auf der Metaebene der Biologie reflektiert werden, dass Modelle gegebenenfalls verfeinert oder ersetzt werden müssen, falls neue wissenschaftliche Befunde dies erfordern. Dieses Lernziel kann eventuell schon am Ende der Stunde (siehe Verlaufsplan „Folienschnipsel"), anderenfalls aber durch die Bearbeitung der Hausaufgabe (Arbeitsblatt II) erreicht werden. **In der nachfolgenden Stunde** wird an diesem Thema angeknüpft, indem ein Fließdiagramm zur Modellbildung auf Basis der Textinformationen aus „Wie Forschung funktioniert: Modellvorstellungen von der Biomembran" erstellt wird.

Literatur

- Richtlinien und Lehrpläne für die Sek. II – Gymnasium/Gesamtschule in NRW. Biologie 1. Auflage. Düsseldorf 1999
- Weber, U. (2001): Biologie Oberstufe - Gesamtband. Schülerbuch. Cornelsen
- Bickel, H., Claus, R., Haala, G., Wichert, G. (2000). Natura 3a. Biologie für Gymnasien – Nordrhein-Westfalen. Klettverlag
- Spörhase-Eichmann, U. und Ruppert, W. (Hrsg.) (2004): Biologie Didaktik. Praxishandbuch für die Sekundarstufe I und II. Cornelsen Scriptor
- Killermann, W., Stöhr, E. (1980): Didaktische Vereinfachung, insbesondere Modellmethode im Biologieunterricht. In: Rodi, D.; Bauer, E. W. (1980): Biologiedidaktik als Wissenschaft. Aulis-Verlag Deubner. Köln. S. 224 – 230
- Leibold, K. und Klautke, S. (1999): Lerneffektivität des Einsatzes gegenständlicher Modelle in Biologieleistungskursen des Gymnasiums. ZfDN 5, Heft 1, S. 3-23
- Meier, R. (1993): Der Königsweg: Medien selbst herstellen. In: Friedrich Jahresheft XI. Unterrichtsmedien, S. 28-31
- Gropengießer, I. und Beuren, A. (2002): Biologie - Lernen an Stationen (Multimedia – CD). Klett

Anhang

- Verlaufsplan
- Arbeitsblatt I und II
- Modellteile der Membranbestandteile
- Intendierte Modellvorstellung mit Beschriftung
- Folienschnipsel
- Hilfekärtchen
- Erklärung

Kurs: Grundkurs Biologie 11 Datum:

Donnerstag 25. Oktober 2007

Thema der Reihe: Kompartimentierung – Aufbau der Biomembran
Thema der Stunde: Entwicklung einer Modellvorstellung zum Aufbau der Biomembran in arbeitsgleicher Gruppenarbeit

Phasen	Inhalte/Vorgehen	Aktions-formen	Medien/ Material	Funktion der Phase/didaktischer Kommentar
Einstieg	- Wiederholung der Lernergebnisse der letzten Stunde (Bau und Eigenschaften der Phospholipide) durch folgenden Impuls an der Tafel: „Köpfchen ins Wasser, Schwänzchen in die Höh'!“	UG	Tafel	- Der Einstieg dient dem Aufbau der Lernsituation. - Reaktivierung des Vorwissens - SuS, die letzte Stunde gefehlt haben, können auf den gleichen Lernstand gebracht werden.
Hinführung	- L verweist darauf, dass die SuS zwar die Bestandteile der Membran, jedoch nicht ihre Anordnung kennen. - (L zeigt dabei auf wild durcheinander gewürfelte Magnetmodelle von Membranbestandteilen an der Tafel)	UG	Tafel Magnet-modelle	- Überleitung zum Thema der Stunde - Wiederholung der korrekten Begrifflichkeit (Modell und Original) - Transparenz: Stundenziel wird deutlich
Überleitung zur Arbeitsphase	- L berichtet von zwei Forschern, die aufgrund von biologischen Befunden eine Modellvorstellung der Biomembran entwickelt haben. - Austeilen des AB	LV	AB I	- Die Informationen über die Forscher soll die Motivation anregen. - Das Arbeitsblatt bildet die Grundlage der Gruppenarbeit.
Arbeitsphase	- SuS überfliegen den Text und stellen ggf. Verständnisfragen - SuS entwickeln in 3er Gruppen mit Hilfe der Textinformation auf dem AB und der verschiedenen Modellteile die Modellvorstellung von DAVSON und DANIELLI zum Aufbau der Biomembran.	EZ GA	AB I Laminierte Phospholipid- und Membran-proteinmodelle	- Arbeit in Gruppen schult soziale Kompetenzen der SuS (z.B. Kooperationsfähigkeit) - Modelle veranschaulichen und vereinfachen komplizierten Sachverhalt - Modell spricht verschiedenen Lerntypen (haptische, visuelle) an
Ergebnis-sicherung I	- 2-3 Gruppen bauen mit Magnetmodellen ihre Modellvorstellung an der Tafel. - Gemeinsam soll im Plenum überprüft werden, ob die (evtl. verschiedenen) Modellvorstellung(en) alle Annahmen erfüllt(en).	SV UG	Tafel Magnet-modelle	- SuS können Ergebnisse untereinander vergleichen, überprüfen und verbessern Magnetmodelle können an der Tafel verschoben werden und sind für alle SuS gut sichtbar.
	- L. führt die Begriffe „peripheres Protein“, „Phospholipiddoppelschicht“ und „Sandwichmodell“ ein.	LV	Tafel Magnet-modelle	- SuS lernen die entsprechenden Fachtermini

Ergebnis-sicherung II	- SuS übertragen das „richtige“ Modell in ihr Heft und beschriften dieses.	EZ	Tafel Magnet-modelle	- Zeichnung und Beschriftung der Modellvorstellung dient der Vertiefung und Festigung sowie der Sicherung des neu gelernten.
Abschluss	- L teilt ein zweites AB als Hausaufgabe aus.		AB II	- siehe unten
Weiterführung Abschluss	- Falls noch Zeit ist, wird das AB II noch nicht ausgeteilt. - L legt Folienschnipsel auf den OHP, auf dem neue wissenschaftliche Befunde zum Membranaufbau stehen. - Impuls: „Welche Konsequenz ergibt sich daraus für das Sandwichmodell?“ - L. teilt AB II als Hausaufgabe aus.		Folien-schnipsel AB II	- Die SuS stellen fest, dass ihr Modell neuen Befunden nicht standhält und ergänzt werden muss. - Hausaufgabe dient der Vertiefung und Weiterführung der Entwicklung einer Modellvorstellung und der Erkenntnis, dass Modelle aufgrund neuer wissenschaftlicher Befunde verfeinert werden müssen.

Legende: UG: Unterrichtsgespräch, SuS: Schüler/Innen, SV: Schülervortrag, L: Lehrer/in, LV: Lehrervortrag, EZ: Einzelarbeit, GA: Gruppenarbeit, AB: Arbeitsblatt

Intendierte Modellvorstellung mit Beschriftung

Sandwichmodell

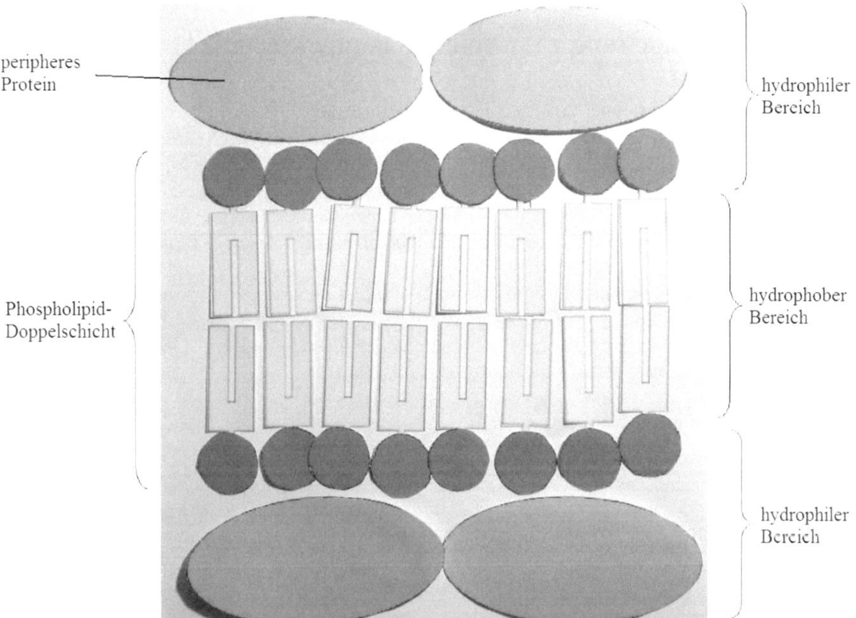

Folienschnipsel

1. In manchen Membranen ist die isolierte Proteinmenge größer, als sie bei einer einfachen Lage beiderseits der Lipiddoppelschicht sein dürfte.

2. Membranproteine sind schlechter wasserlöslich als man bisher angenommen hatte. Sie besitzen neben hydrophilen auch hydrophobe Regionen.

3. Im E.M.-Bild sehen nicht alle Membranen gleich aus. Häufig sind in der hellen Schicht der Biomembran dunkle Bereiche zu erkennen.

Hilfekärtchen

→ Erinnere dich an die Anordnung der Phospholipide an der Wasseroberfläche (vorletzte Stunde). Skizziere eine Zelle mit einer „breiten/dicken Membran". Schraffiere die wässrigen Bereiche in deiner Skizze.

Biologie GK 11 Datum:

Modellvorstellung zum Bau der Biomembran – Arbeitsblatt I

Die Biomembran – Modellvorstellungen zu ihrem Aufbau

Die gesamten Zellen und die verschiedenen Zellorganellen sind nach außen durch eine oder mehrere Membranen begrenzt. Die Hauptbestandteile der Membranen sind Lipide (Fette) und Proteine (Eiweiße). Die Anteile der beiden Komponenten hängen z.B. von der Funktion ab, die die Membran in der Zelle erfüllt. Trotz der Unterschiede besitzen alle Membranen einer Zelle denselben Grundaufbau, deshalb spricht man allgemein von einer *Biomembran.*

Bau der Biomembran nach DAVSON und DANIELLI 1935

Bereits Mitte des letzten Jahrhunderts wurde eine der bekanntesten Modellvorstellungen zum Bau der Biomembran entwickelt; und zwar von den Forschern DAVSON und DANIELLI. Ihre Modellvorstellung beruht auf folgenden 6 Annahmen:

Annahmen:

1. Hydrophile und hydrophobe Stoffe stoßen sich gegenseitig ab.
2. Biomembranen erscheinen im E.M.-Bild dreischichtig. Eine helle Linie wird von zwei dunklen flankiert **(Abb.1).**

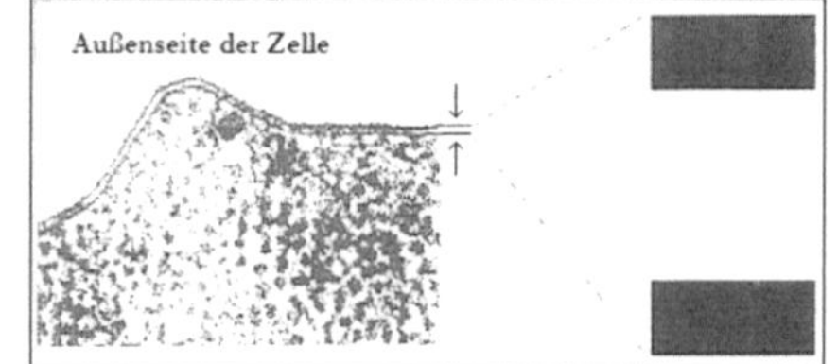

3. Biomembranen sind ca. 7 nm breit.
4. Membranproteine sind hydrophil.
5. Die Größe eines Membranlipids umfasst ca. 2 nm, die eines Membranproteins ca. 1,5 x 3 nm. Das Membranlipid ist in einen Kopf- und einen Schwanzbereich unterteilt (**Abb.2**).

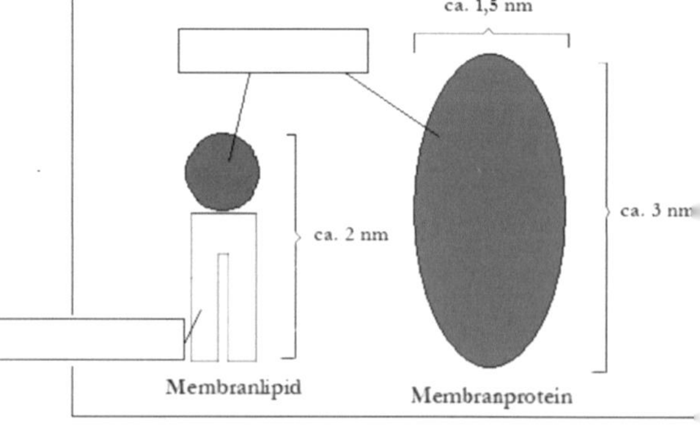

6. Innerhalb und außerhalb der Zelle ist das Milieu wässrig.

Aufgaben:

1. Lest Euch den Text „Bau der Biomembran nach DAVSON und DANIELLI" durch.
2. Beschriftet die Membranbestandteile in Abb.2 mit der Angabe zur Hydrophilie und Hydrophobie.
3. Entwickelt in der Gruppe mit Hilfe der beigefügten Modellteile die Modellvorstellung von DAVSON und DANIELLI zur Anordnung der Membranlipide und Proteine in einer Biomembran. Beachtet dabei die im Text angegebenen 6 Grundannahmen, die bei der Modellvorstellung alle erfüllt sein müssen.

Biologie GK 11 Datum:

Modellvorstellung zum Bau der Biomembran - Arbeitsblatt II

Erweiterung der Modellvorstellung durch BRANTON und BRETSCHER

Die Untersuchungen von BRANTON 1969 und BRETSCHER 1971 ergaben folgende neue Erkenntnisse, mit denen das Membranmodell von DAVSON und DANIELLI verfeinert werden konnte:

Annahmen:

1. In manchen Membranen ist die isolierte Proteinmenge größer, als sie bei einer einfachen Lage beiderseits der Lipiddoppelschicht sein dürfte.

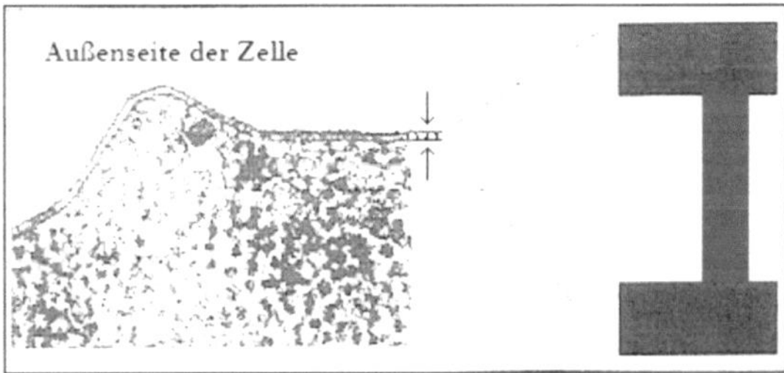

2. Im E.M.-Bild sehen nicht alle Membranen gleich aus. Häufig sind in der hellen Schicht der Biomembran dunkle Bereiche zu erkennen. (Abb. 1).

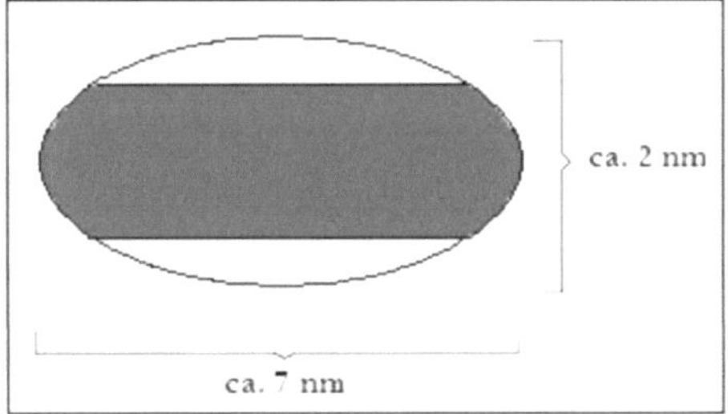

3. Membranproteine sind schlechter wasserlöslich als man bisher angenommen hatte. Sie besitzen neben hydrophilen auch hydrophobe Regionen. (Abb.2).

Aufgabe:

Erweitere die Modellvorstellung von DAVSON und DANIELLI unter Berücksichtigung des oben stehenden Textes. Fertige dazu eine Skizze im Heft an.

Modellteile